新雅・知識館

地球有多重？

——孩子要知道的測量小百科
Measurement for Kids

瀧澤美奈子 著

新雅文化事業有限公司
www.sunya.com.hk

目錄

第 3 章　日常事物篇

本書的使用說明

本書分別以三個章節介紹不同事物的測量方法，不但能豐富你的科學知識，更能助你培養數理分析的能力。

第 1 章　宇宙篇

地球、太陽、月球和星星都太大、太重，究竟有什麼方法可以為它們進行測量呢？

第 2 章　自然界篇

想從科學角度更清楚知道自然界的面貌，就必須測量出山的高度與海的深度。究竟我們應該怎樣測量自然界的事物呢？

第 3 章　日常事物篇

溫度與水的味道等，都與我們的生活息息相關，究竟我們要如何測量身邊的事物呢？

查閱本書的方法

- 使用「目錄」（P.2-3）　　從「目錄」中找尋想知道或有興趣的題目吧。
- 使用「索引」（P.62-63）　從「索引」中透過關鍵詞找尋想知道或想查閱的題目，然後根據頁碼翻到該頁，你便知道相關的內容了。

第1章

宇宙篇

地球有多重？

無法直接測量地球的重量

在日常生活中，我們只要利用磅秤便能輕易測量出物件的重量，但是地球太重了，我們應該如何測量它的重量呢？

地球是宇宙中無數行星的其中之一，有科學家計算出地球的重量（正確名稱為「質量」*）為5.972×10^{24}（5.972乘以10的24次方）公斤，即把約4兆頭地球上最大型動物藍鯨（約180公噸）的重量乘以100萬倍。

可是，世界上並沒有能夠測量地球重量的巨型磅秤，那麼地球的重量是如何測量出來的？

事實上，我們是無法直接測量地球的重量，只能根據兩條物理定律來計算。

* 質量：即物體本身固有不變的重量。不論物體在任何地方，它的質量都不會改變。

5.972×10^{24}公斤

地球與其他事物的重量 ▶▶

計算地球重量的方法

用來計算地球重量的兩條物理定律分別是「萬有引力定律」及「牛頓運動定律」。

「萬有引力定律」指出所有具有質量的物體都有它的引力，並且互相以同樣的力吸引住；而「牛頓運動定律」則指出當物體受到外力時的運動狀態的變化。

根據這兩條物理定律的公式，便能計算出地球的重量。

萬有引力定律

$$F = G\,\frac{Mm}{R^2}$$

F：萬有引力　　　G：萬有引力常數
M：地球的質量　　m：物體的質量
R：地球的半徑

牛頓運動定律 *

$$F = mg$$

F：重力（即萬有引力）
m：物體的質量
g：重力加速度

---

* 牛頓運動定律的公式原本應為F＝ma（a：加速度），但是在表達重力時會寫成重力加速度（g）。

地球的一圈有多長？

第一個計算地球長度的人

　　據說第一個計算地球長度的人，是距今二千多年前的古希臘學者埃拉托斯特尼（Eratosthenes）。

　　有一天，埃拉托斯特尼讀了一本書，書中寫着「6月21日正午時分，在亞歷山大港以南的賽印垂直豎立的竿子是沒有影子的。」在好奇心驅使之下，埃拉托斯特尼在6月21日正午，於自己居住的亞歷山大港做了一個豎立竿子的實驗。可是，竿子的影子沒有消失。為什麼會這樣呢？由於太陽距離地球十分遠，因此從太陽照射到地球上的光線就像平行線一樣。如果地球是平面的話，在相同的時間裏，某地方的物件被陽光照射而沒有影子，那麼另一地方的物件也應該同樣沒有影子，但實驗的結果剛好相反。因此，埃拉托斯特尼推測出「地球不是平面的……其實地球是一個球體！」

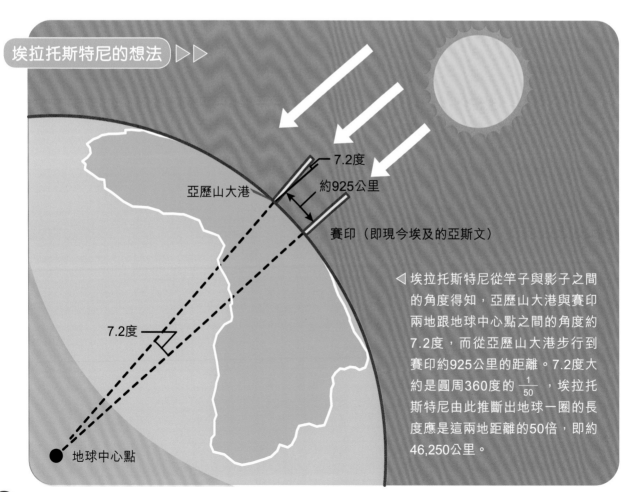

埃拉托斯特尼的想法 ▷▷

7.2度

約925公里

亞歷山大港

賽印（即現今埃及的亞斯文）

7.2度

地球中心點

◁ 埃拉托斯特尼從竿子與影子之間的角度得知，亞歷山大港與賽印兩地跟地球中心點之間的角度約7.2度，而從亞歷山大港步行到賽印約925公里的距離。7.2度大約是圓周360度的 $\frac{1}{50}$，埃拉托斯特尼由此推斷出地球一圈的長度應是這兩地距離的50倍，即約46,250公里。

現在的測量方法

埃拉托斯特尼在二千多前就計算出地球一圈的長度約為46,250公里，確實令人欽佩。可是，後來的科學家經過仔細研究，發現地球只是近似一個球體。事實上，赤道一圈的長度約為40,077公里，而南極和北極一圈的長度則為40,009公里，因此地球就像是一個頭和尾（南極和北極）較扁而中間（赤道）脹鼓鼓的橢圓形。為什麼會這樣呢？原來地球的自轉軸幾乎垂直於赤道面，而自轉軸旋轉時會產生離心力，因而令赤道膨脹起來。

再嚴謹一點來說，地球也不完全是個橢圓形，因為它的表面有着大大小小的高山和深谷，形成高低起伏的地形。

以前的三角測量法並未能測量出微細的高低起伏的地形，直至近年透過人造衛星使用「全球定位系統（GPS）」，才能準確測量出各種微細的地形。

▶ 如果同時以多個衛星向地球表面發射及接收信號的話，便能得出目標位置較準確的經度、緯度及標高。只要持續測量同一位置，便能同時監察出該處位置的變動，這與汽車的自動導航系統原理相同。

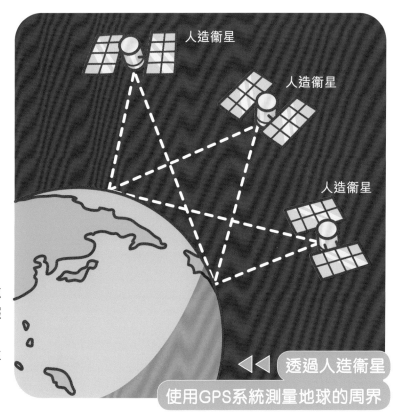

人造衛星

人造衛星

人造衛星

◀◀ 透過人造衛星
使用GPS系統測量地球的周界

1米有多長？

18世紀時，1米是指「地球子午線上從北極至赤道總長度的 $\frac{1}{10,000,000}$」。根據這個基礎，人們製作了「米原器」作為測量長度單位「米」（m）的基準器，但自1983年起，1米的定義已改為「光在真空中於 $\frac{1}{299,792,458}$ 秒內行進的距離。」

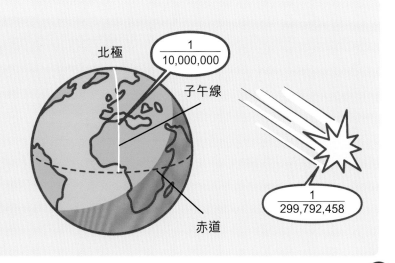

北極

$\frac{1}{10,000,000}$

子午線

$\frac{1}{299,792,458}$

赤道

地球與月球的距離有多遠？

古希臘人的計算方法

我們居住在地球上，而月球是最接近我們的星體，因此從古代開始，已有不少人嘗試計算地球與月球之間的距離。公元前2世紀，古希臘天文學家伊巴谷（Hipparchus）在日食與月食時觀測月球，並運用幾何學計算出地球與月球之間的距離。

計算結果顯示，地球與月球之間的距離是在地球半徑的59倍至 $72\frac{2}{3}$ 倍之間，而在現代計算出來較準確的數值則是地球半徑的60倍。由此可見，這個在二千多年前計算出來的結果準確度有多麼驚人。

畢氏定理
$$A^2 + B^2 = C^2$$

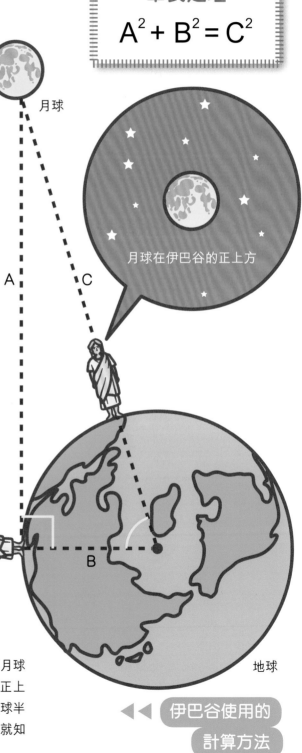

月球

月球在伊巴谷的正上方

A

C

B

月球貼近地平線上

地球

▲ 假設伊巴谷同時在地球上兩個不同地點觀測月球，並計算月球與地球之間的距離。如右圖所示，當月球位於伊巴谷的正上方，以及當月球貼近地平線上時，就會得出其中一邊為地球半徑的直角三角形。只要知道這兩個觀月地點之間的角度，就知道地球與月球之間的距離是地球半徑的多少倍了。

◀◀ 伊巴谷使用的計算方法

現在的測量方法

　　憑着先進的科學技術，我們現在已經可以準確測量出地球與月球之間的距離了。測量技術急速進步的契機是發生在1969年，當時美國發射阿波羅11號太空船，人類第一次踏足月球，並在月球表面放置了一台能夠把光線反射回地球的激光反射器。

　　當地球向着月球上的激光反射器發射出每秒行進30萬公里的激光時，研究人員只需測定激光反射回來所需的時間，便能準確計算出地球與月球之間的距離，這個測量方法名為「月球激光測距（Lunar Laser Ranging）」。測距結果顯示，激光在地球與月球之間來回約需2.5秒，因此地球與月球之間的距離約為38萬公里。

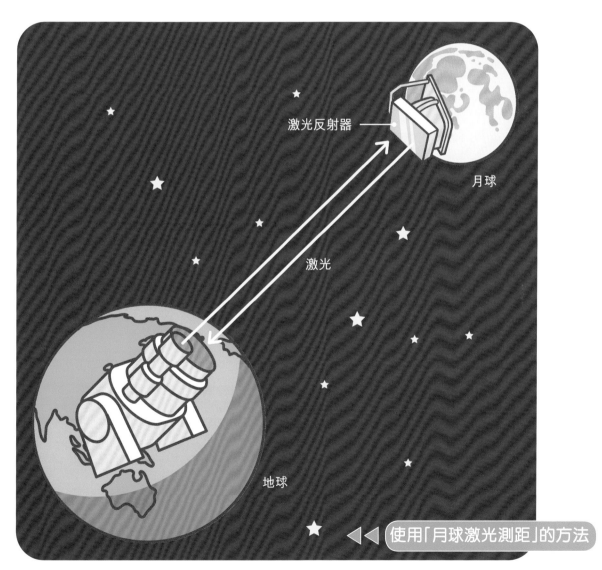

激光反射器

月球

激光

地球

◀◀ 使用「月球激光測距」的方法

　　▲ 太空人在月球表面設置的激光反射器並不是一面普通的鏡子，而是由三個反射面組合而成的稜鏡。稜鏡能使從不同方向射來的光線經過不同鏡面的折射後，都能反射回原發射方向。其實稜鏡在我們的日常生活中也經常被使用，例如照相機、雙筒望遠鏡等。

好燙！太陽的表面溫度有多高？

太陽的表面溫度是多少？

　　無論是夏天或冬天，太陽的照射都會影響到當日的溫度。最明顯的生活體驗，就是在寒冬沒有太陽的日子時，我們會覺得特別寒冷；相反，當太陽出來時，我們就會感到暖洋洋。由此可見，太陽的熱力會令溫度產生變化，對我們的生活有很重要的影響。

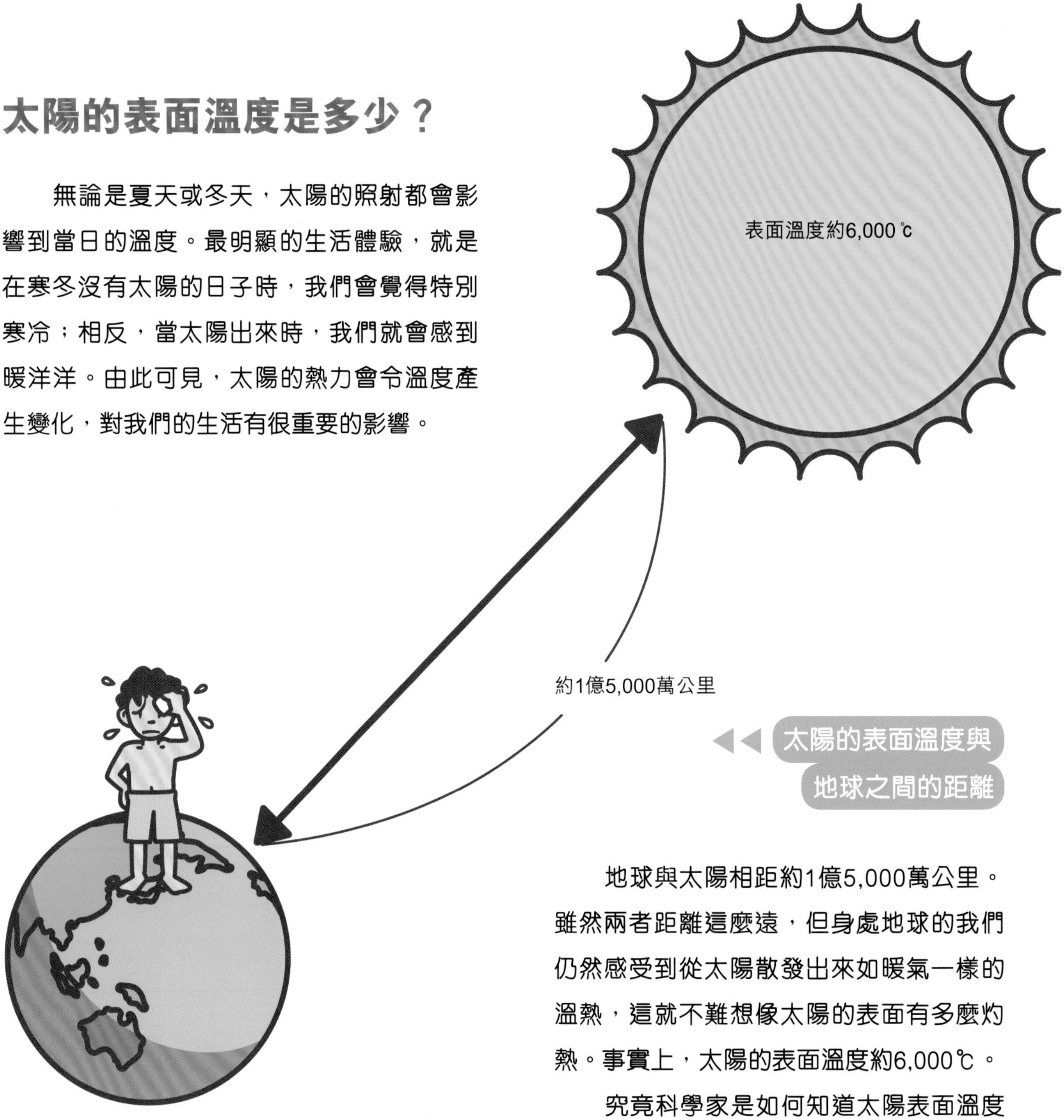

表面溫度約6,000℃

約1億5,000萬公里

◄◄ 太陽的表面溫度與地球之間的距離

　　地球與太陽相距約1億5,000萬公里。雖然兩者距離這麼遠，但身處地球的我們仍然感受到從太陽散發出來如暖氣一樣的溫熱，這就不難想像太陽的表面有多麼灼熱。事實上，太陽的表面溫度約6,000℃。

　　究竟科學家是如何知道太陽表面溫度的呢？

從觀察星體的顏色便知道它們的表面溫度

任何物體在高溫狀態下都會出現發光的特質，例如把鐵及陶瓷製成的物件加熱時，這些物件便會出現紅光。事實上，太陽是一團巨大的高溫氣體，所以它才會持續發光。

有趣的是，發熱發光的物體只要溫度不同，它們所發出的光也有不同，因此研究在地球看到的星體顏色，便能推測出太陽及其他星體的表面溫度。只要你細心觀看夜空中閃爍的星星，應該不難發現它們都有不同的顏色，這就是因為各星體的表面溫度不同。

舉例來說，表面溫度達10,000℃以上，屬於非常高溫的星體會發出偏藍的光，當中以在冬天晚上發出藍白色光芒的天狼星最具代表性；在3,600℃以下不算太高溫的星體則會發出紅光，例如表面溫度約3,200℃的參宿四，即獵戶座 α 星；而太陽的表面溫度則約6,000℃，會發出偏黃的顏色。

星體顏色與溫度表 ▶▶

℃

30,000

20,000

10,000

9,000
8,000
7,000
6,000
5,000
4,000
3,000
2,000
1,000

★ 28,700℃ 至 59,700℃
藍色

☆ 9,700℃ 至 28,700℃
藍色或藍白色

☆ 7,200℃ 至 9,700℃
白色

☆ 5,700℃ 至 7,200℃
黃白色

☆ 5,000℃ 至 5,700℃
黃色

★ 3,600℃ 至 5,000℃
橙色

★ 2,200℃ 至 3,600℃
紅色

星體有多光亮呢？

星體的亮度可透過「視星等」及「絕對星等」表示出來

肉眼看到的星體距離與實際距離 ▶▶

▶我們看起來亮度與大小相同的星體，跟真實情況有所不同。

滿天星星的天空有如鑲滿了寶石的寶箱，混合着明亮與暗淡的星星。這些看似細小的星星其實是宇宙中不同的星體。

即使所有星體看起來與我們的距離相同，但其實不同的星體距離地球也有遠近之分。如果星體與地球相近，原本暗淡的星體看起來也會很明亮；相反，如果星體與地球相距較遠，原本明亮的星體也會顯得暗淡。那麼我們如何知道星體的亮度呢？

星體的亮度可透過「視星等」及「絕對星等」表示出來。「視星等」是指按觀察者在地球上用肉眼所看到的星體亮度來劃分等級；而「絕對星等」則是指經過計算而得出的星體本身的亮度。

兩種等級的分級方法

視星等的等級以織女星，即天琴座 α 星的亮度為基準（0等星），發展出1等星、2等星、3等星……數字越大，代表星體的亮度越低；而100顆6等星是等於1顆1等星的亮度，如此類推，各等級之間都有着等倍的差距，這就是星體亮度與等級的關係。此外，有些星體看起來比0等星更光亮的，它們也就同樣根據星體亮度分為-1等星、-2等星……

由於視星等是觀察者從地球上觀察星體的亮度，從天文觀察的層面來說，這也表示了該星體能被觀察的容易程度。

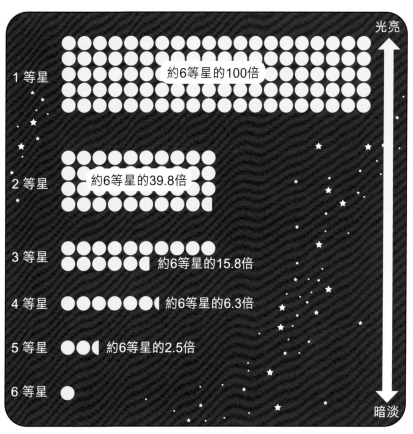

光亮

1 等星　約6等星的100倍

2 等星　約6等星的39.8倍

3 等星　約6等星的15.8倍

4 等星　約6等星的6.3倍

5 等星　約6等星的2.5倍

6 等星

暗淡

視星等的比較

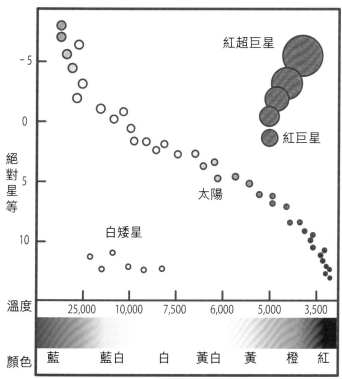

紅超巨星

紅巨星

太陽

白矮星

絕對星等

溫度　25,000　10,000　7,500　6,000　5,000　3,500

顏色　藍　藍白　白　黃白　黃　橙　紅

絕對星等與星體表面溫度和顏色

絕對星等表示星體本身的亮度，表面溫度越高的星體，亮度也越高。例如因表面溫度極高而發出藍光的星體會顯得特別明亮，而低溫的紅色星體則較暗淡，因此從星體的顏色及表面溫度（詳見P.13）便可得知星體的亮度，觀察星體的顏色就能得出絕對星等。

絕對星等經常用於分辨星體的種類及計算星體年齡的研究中。

宇宙有多少歲？

宇宙也有出生日期？

「宇宙」這個名詞，是古人把代表無限空間的「宇」和代表無限時間的「宙」二字組合而成。

踏入20世紀，有人提出宇宙不是永恆的，它並不是一直存在，而是有起源的。因此，宇宙也有出生日期及年齡。

綜合各種嘗試解開宇宙之謎的宇宙論研究，宇宙大約有137億歲。這段悠長的歲月久遠得難以想像，為什麼科學家會知道宇宙的年齡呢？

越變越大的宇宙及它的年齡 ▶▶

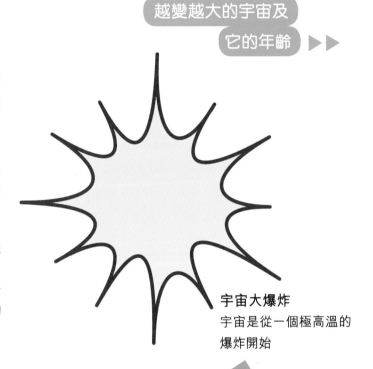

宇宙大爆炸
宇宙是從一個極高溫的爆炸開始

發現宇宙的出生日期

1929年，天文學家愛德文・鮑威爾・哈勃（Edwin Powell Hubble）發現一些遙遠的星系存在着高速移動的狀態。如果宇宙是個保持不變的空間，那麼所有星系都應該一直在同一位置上，因此哈勃的發現，顯示了宇宙的空間正在膨脹中，而我們正處於空間膨脹的正中央，因而觀察到所有星系都在遠離我們。

既然宇宙的空間正在膨脹，那就代表過去的宇宙必定比現在的小。那麼追溯宇宙的過去會有什麼發現呢？

物理學家佐治・伽莫夫（George Gamow）認為宇宙是從一個極高溫的爆炸開始，於是建立了「宇宙大爆炸」學說。他提出在大爆炸發生的一瞬間，宇宙的誕生時間便由此開始。

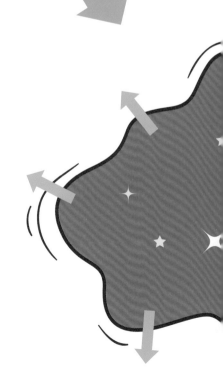

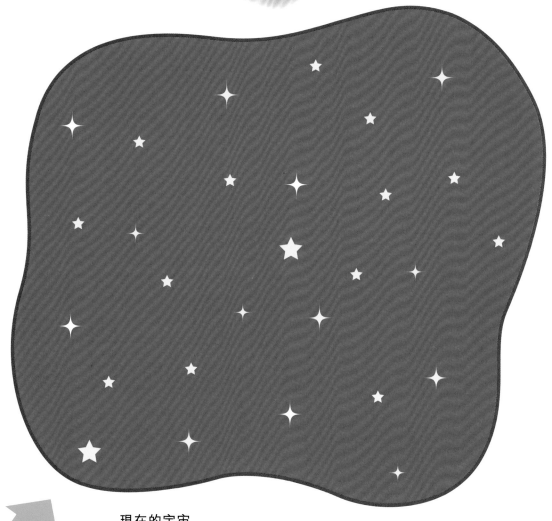

現在的宇宙
在約137億年間越變越大，
現在還在持續膨脹中。

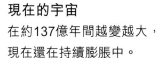
宇宙越變越大

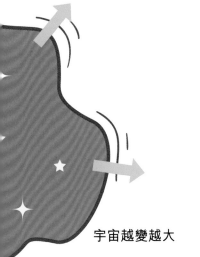

測量宇宙的年齡

　　研究人員在觀察宇宙膨脹的情況後發現，一個星系距離地球每增加100萬秒差距，即相當於326萬光年*的距離，它離地球而去的速度每秒就增加73.8公里（這是宇宙膨脹速率，稱為「哈勃常數」）。利用哈勃常數計算出宇宙的大概年齡為138億歲（稱為「哈勃時間」）。但在參考各項觀測資料及有關宇宙誕生的理論後再作調整，一般人相信正確的宇宙年齡應約137億歲。

*光年：光在真空中一年間行進的距離（約9兆4,600億公里）。

世上最快的是光速嗎？

我們經常看着過去的影像

如果跟你說「有一個朋友站在你面前揮手」，你會理解成那個朋友「現在」就在你面前揮手。可是當你望向夜空，你所看到的星體並不存在於「現在」，而是它們「過去」的影像，原因是星體跟我們的距離非常遙遠，它的光在一瞬間也未能傳遞到我們眼前。

舉例來說，天鵝座的1等星天鵝座 α 與地球相距1,800光年，我們現在看見的天鵝座 α 的光已經是它在1,800光年前所發出的光。又例如太陽光傳遞到地球需要約8分20秒，即是說我們一直看到的是8分20秒前的太陽。同樣道理，當我們以為看到眼前的朋友正在揮手時，其實這也是比現在再早一點點的影像。

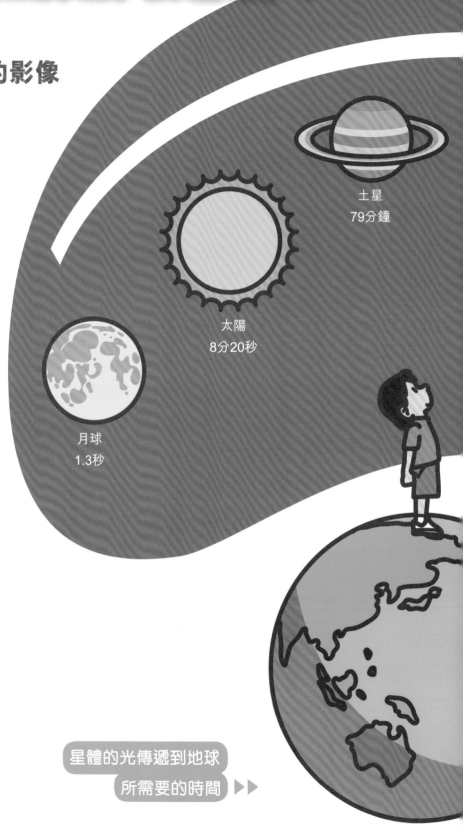

土星
79分鐘

太陽
8分20秒

月球
1.3秒

星體的光傳遞到地球
所需要的時間 ▶▶

光在物理學上的特別意義

光不是一瞬間就能從一個點傳遞到另一個點，而是有固定速度的。在我們目前所知的事物中，還沒有比光更快速的事物。由於物理學是以光速為基礎的相對論出發去思考，因此對物理學而言，光速有着特別的意義。

光的速度太高，我們不容易知道它的實際速度數值。16世紀時，意大利物理學家伽利略·伽利萊（Galileo Galilei）曾與他的助手各拿一盞燈，當伽利略亮燈時，他的助手看到燈光後也馬上亮起手上的燈。伽利略嘗試從計算兩盞燈亮着的時差來計算光速，但因光的傳播速度太快，所以實驗未能成功。後來，有天文學家嘗試用星體測量光速，獲得了較準確的光速數值。到了近代，科學家使用激光測量光速，令數值的準確度大大提升。現在人們一般認為真空中的光速為每秒299,792,458米。

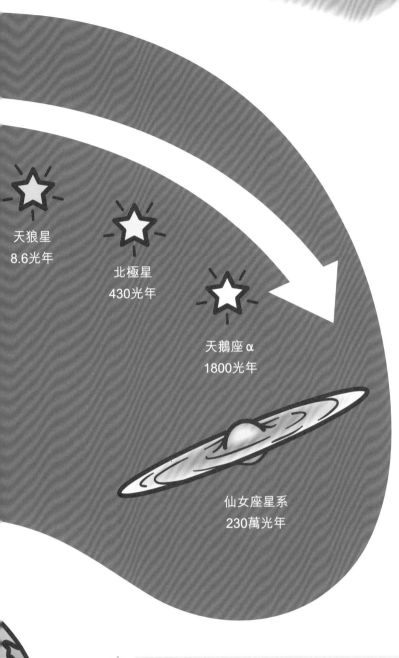

天狼星
8.6光年

北極星
430光年

天鵝座 α
1800光年

仙女座星系
230萬光年

小知識 發現超越光速的粒子？

2011年9月，有科學家發表了微細粒子「中微子」的實驗結果，提出中微子的行進速度比光速更快。不過，後來發現在當時的實驗過程中出現了問題。經過其他科學家重新檢測後，已確認中微子的速度並沒有超過光速。

中微子

光

細小的原子是時間的看門人

當我們想知道時間時可以看手錶，可是如果想確認手錶時間是否準確，大家又會怎麼辦？這時候，我們就要找時間的看門人，以原子共振頻率標準來報時的時鐘──「原子鐘」。

原子鐘所顯示的時間準確度實在讓人驚歎，根據最新的研發成果，原子鐘出現的時間誤差只有 $\dfrac{1}{65,000,000}$ 秒。讓人好奇的是，究竟什麼地方需要使用精準度如此高的時鐘呢？

其實原子鐘是我們日常生活中不可或缺的東西。例如日本的情報通信研究機構就會使用18台原子鐘制定日本標準時間，並透過設置在福島縣及佐賀縣的無線電波設施向日本全國發送無線電波信號。當電視台的信號塔、家用電波時鐘等接收到這些無線電波信號時，市民便能得知準確的時間了。

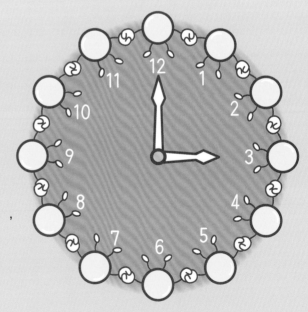

▶ 使用原子來報時的「原子鐘」，
能讓人們知道最準確的時間。

第 2 章

自然界篇

試試測量山有多高吧！

拍攝航空照片以測量山的標高

標高是以水平線為基準的高度指標。

要測量山的標高，可以使用「攝影測量法」，即是在兩個與測量點接近的位置拍攝同一地方的航空照片，再利用立體視覺原理觀看這兩張照片，然後配合比例尺就能計算出山的標高。事實上，攝影測量法不單用來測量標高，在測繪地形圖時也經常使用這個方法。

此外，人們也會親身前往難以使用攝影測量法的地方，在接近測量點的位置（三角點與標高點）來測量山的標高。

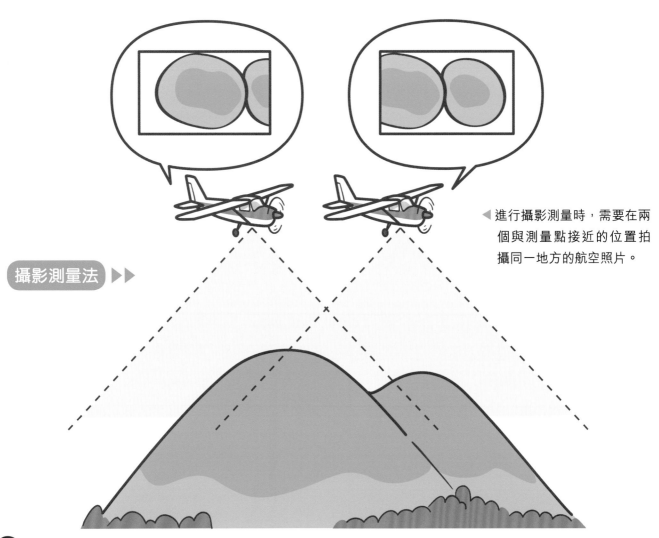

攝影測量法 ▶▶

◀ 進行攝影測量時，需要在兩個與測量點接近的位置拍攝同一地方的航空照片。

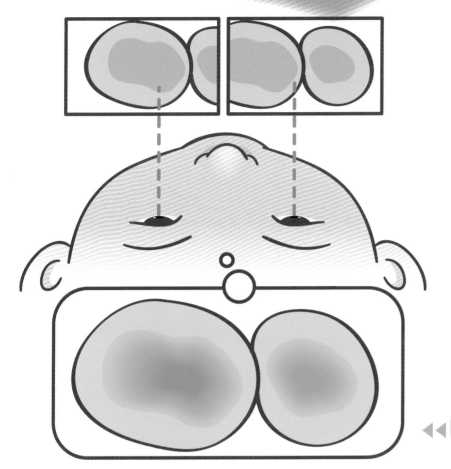

立體視覺的原理

如果我們閉上一隻眼睛看事物，將很難判斷出該事物和我們之間的距離。所以，我們要靠左眼和右眼分開數厘米，兩眼同時看事物才能獲得距離感。雖然左眼和右眼看到的影像稍有不同，但人的大腦可以把它們處理成一個影像，事物看起來便會有立體感了。

◀◀ 用立體視覺觀看事物的方法

▲ 左右眼看到的影像稍有不同，令事物看起來有立體感。

小知識 年年增高的山

在我們短短的一生中，都不會希望看到大型火山爆發或泥石流這些可怕的山體變化。可是，以地球的時間來看，很多山體都在持續增高。

位於中國西藏自治區、印度、尼泊爾、不丹等國邊境的喜瑪拉雅山是世界海拔最高的山脈，它是由印度板塊與歐亞大陸板塊碰撞而形成高山的代表例子。

喜瑪拉雅山的最高山峯名為珠穆朗瑪峯，海拔高達8,844.43米。據測量資料顯示，由於印度板塊至今仍然不斷移動，因此喜瑪拉雅山仍然不斷上升，珠穆朗瑪峯平均每年會增高1厘米呢。

火山爆發了！爆發規模有多大？

各式各樣的火山爆發

即使是火山爆發，也有各式各樣的爆發方式，例如夏威夷的奇勞亞火山屬於盾狀火山，爆發時只是靜靜地流出大量黏度低，流動性高的熔岩。日本的櫻島火山及淺間火山屬於複式火山，遇上大型火山爆發時，熔岩及火山碎屑便會噴到遠處。日本的昭和新山屬於鐘狀火山，這種火山是由黏度高而流動性低的熔岩靜靜地流出而形成的。

還有，火山爆發後既有可能即時停止，也有可能在幾個月至幾年後才停止，甚至在爆發過程中突然轉換成其他爆發方式。就目前的科技而言，人們仍然很難準確預測火山爆發後的發展情況。

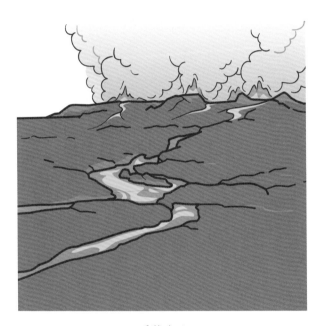

盾狀火山

複式火山

鐘狀火山（熔岩流出形成拱頂的火山）

表示火山爆發規模大小的方法

雖然人們很難準確預測火山爆發的規模，但是從噴發物的體積、噴發的頻率等，也可以反映出爆發的規模。

火山爆發指數（VEI）分為0至8共9個級別，以0為最小規模，8為最大規模。當噴出量不足1萬立方米（m³）時，VEI＝0；而1萬至100萬立方米時，VEI＝1。之後VEI每升一級，噴出量便增加10倍。

舉例來說，2010年在冰島發生的艾雅法拉冰河火山大爆發，火山灰直衝上天空數公里，造成歐洲線飛機停航，空中交通大混亂。當時VEI＝4。

VEI與火山爆發的規模

VEI	噴發物的體積	噴發的頻率
0	不足1萬立方米	差不多每日
1	1萬至100萬立方米	差不多每日
2	100萬至1,000萬立方米	差不多每周
3	1,000萬至1億立方米	差不多每年
4	1億至10億立方米	10年1次
5	10億至100億立方米	50年1次
6	100億至1,000億立方米	100年1次
7	1,000億至10,000億立方米	1,000年1次
8	10,000億至100,000億立方米	10,000年1次

如何知道地層與遺址的年代？

◀◀ 「碳-14定年法」的測量原理

◀ 生物仍然生存時，經常會吸入碳-14（^{14}C），並儲存在體內。

以考古學與地質學鑑定年代

考古學是發掘遺址、研究當時人們生活的學科。地質學則是研究人類出現前的遠古時代，地球上發生過什麼事的學科。無論是考古學還是地質學，都需要鑑定地層與遺址的年代。只要知道什麼時候發生過什麼事，就能推論出各式各樣的假設及建立理論。

不同的物質（岩石、礦物、海底沉積物、火山灰、化石、年輪、植物、骨頭、貝殼等）可以使用不同的年代鑑定方法，例如調查礦物形成的時間；也可以透過比照其他數據獲得遺址年代的資料，例如調查一起被埋在地下的火山灰等。

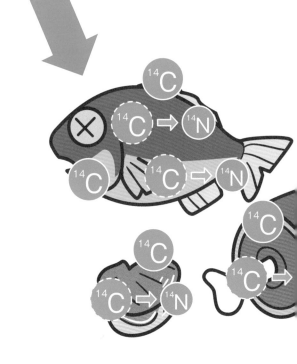

生物死亡後便會開始倒數的時鐘

「碳-14定年法」是一種很具代表性的測量方法，能夠讓人們得知地層與遺址所屬的年代。

遺址內留有古人的生活痕跡，例如動物骸骨。這些骸骨來自於當時仍然生存着的生物。當生物死去，生物的死亡時鐘便會開始倒數，即是碳-14這種物質會隨時間而減少。

碳-14是生物仍然生存時經常吸入體內並儲存的物質，但在死亡後便不會再吸入，並慢慢轉化成氮-14，使碳-14的數量漸漸減少。由於碳-14的減少速度是均速進行，因此只要測量碳-14的殘留數量，便能夠推斷出該生物死了多長時間，而參考生物的死亡時間，便能知道地層與遺址的年代。

▼測量殘留的碳-14數量便可知生物的生存年代。

◀生物死後不再吸入碳-14，原來的碳-14轉化成氮-14（^{14}N），碳-14數量漸漸減少。

濃度（%）

碳-14數量減半約需要5,730年，要減少剩下的也需要5,730年。

5,000　10,000　15,000　20,000　25,000　30,000
（年）

碳-14的減少量與所需時間

鑽石的硬度有多高？

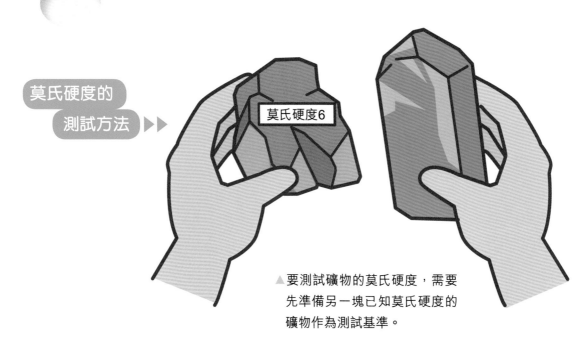

莫氏硬度的
測試方法 ▶▶

莫氏硬度6

▲ 要測試礦物的莫氏硬度，需要
先準備另一塊已知莫氏硬度的
礦物作為測試基準。

莫氏硬度是什麼？

「莫氏硬度（新莫氏硬度）」常用於表示礦物硬度的指標，由德國礦物學家腓特烈·莫斯（Frederich Mohs）發明，因此以其姓氏命名。

如右頁圖表所示，莫氏硬度預設了15種礦物的硬度，透過礦物互相摩擦測試出哪一種礦物較軟。從圖表中，我們可以看見鑽石的莫氏硬度是15，即是鑽石比地球上任何礦物都堅硬，跟任何礦物摩擦也不見劃痕。除了鑽石外，紅寶石、藍寶石等寶石都屬於高硬度的礦物，因此能一直保持美麗的狀態，不易受損。

莫氏硬度6

▲ 把兩塊礦物互相摩擦。

莫氏硬度的度數

　　沒有機器能測量出莫氏硬度，只有把兩塊礦物互相摩擦，才能得知沒有劃痕的礦物較堅硬。硬度度數以整數表示，沒有小數點，因此莫氏硬度只是為人們提供一個參考指標。

莫氏硬度6

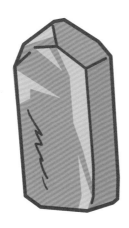

▲留有劃痕的礦物較軟，莫氏硬度較低。經過這樣的反覆測試便能得出莫氏硬度。

莫氏硬度	標準物質	
1	滑石	軟
2	石膏	
3	方解石	
4	螢石	
5	磷灰石	
6	正長石	
7	石英玻璃	
8	石英	
9	黃寶石	
10	石榴石	
11	熔融氧化鋯	
12	剛玉	
13	碳化硅	
14	碳化硼	
15	鑽石	硬

莫氏硬度（新莫氏硬度）

小知識

礦物與岩石的分別

　　礦物與岩石並不是同類型的石，礦物是由同一種類的物質整齊排序而成的結晶物。礦物較多結晶成石頭、通透的寶石、像金銀般閃閃發光的物質。能夠成為莫氏硬度基準的全是礦物。

　　另一方面，岩石是由不同種類的物質組合而成的。鋪設在行人路邊緣的花崗岩，以及常用於裝飾的大理石都是岩石的一種。

礦物（石英）

岩石（凝灰岩）

如何訂定地震的震度等級？

利用地震儀測量震度

　　地震發生的原因，主要是覆蓋在地球表面的板塊互相擠壓而引起的，因此一些位處於多塊板塊之上的國家，例如日本便經常發生地震。

　　震度是表示地震發生時受影響地區的震動數值。國際上並沒有一個統一的震度標準。在日本，震度是由日本氣象廳公布，而震度等級則是以人感受到的震動大小來決定的。日本的震度等級共有10級，分為0級至7級，而其中5級與6級分別再細分為「強」及「弱」兩種等級。日本各地均設有地震儀測量地震發生時的震動程度及地震周期，並自動轉換成震度值向公眾發布。

測量左右震動的地震儀

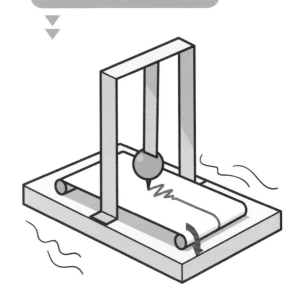

以震級表示地震規模的大小

　　地震發生時，除了震度以外，人們還會經常聽到另一個數值，就是黎克特制地震震級。黎克特制是用來表示地震時所釋放出的能量大小。一般來說，黎克特制每上升一級，便代表地震所釋放出的能量增強約32倍。

　　計算震級的方法有很多種，例如日本電視台與網上發表的地震速報是屬於日本氣象廳發出的地震震級（Mj），指從地震儀觀測出的最大震動；而國際上表示地震時所釋放出的能量大小，則通常使用地震矩震級（Mw）。

測量上下震動的地震儀

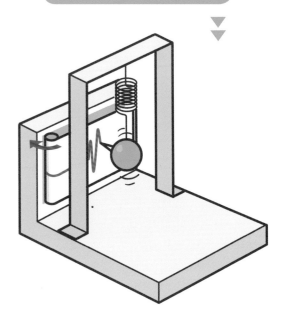

震度等級與震動程度

震度等級	人的感受和行動	室內的狀況	室外的狀況
0	感覺不到震動，但被地震儀記錄下來。		
1	部分在室內進行靜態活動的人會感到輕微震動。		
2	大部分在室內進行靜態活動的人會感到震動，有些人會從睡夢中驚醒。	吊燈等懸掛物有少許搖動。	
3	大部分在室內的人都感到震動，部分步行中的人也會感到震動。大部分人會從睡眠中驚醒。	櫥櫃內的碗碟因震動而發出碰撞聲。	電線有少許搖動。
4	幾乎所有人都感到震動。	吊燈等懸掛物大幅度搖動，櫥櫃內的碗碟發出碰撞聲。部分放在桌子旁邊的物件會掉落。	電線大幅度搖動，乘坐汽車的人也會感到震動。
5弱	大部分人會感到恐慌，需要抓緊身邊的物件來維持身體平衡。	吊燈等懸掛物激烈搖動，部分櫥櫃內的碗碟、書櫃內的書本會掉落。大部分放在桌子旁邊的物件會掉落，沒有固定好的家具會移位，不穩固的甚至會倒下來。	部分玻璃窗被震裂並墮下，電線桿搖動，道路受到破壞。
5強	人如沒有抓緊身邊的物件便難以走動。	大部分櫥櫃內的碗碟、書櫃內的書本會掉落。電視機會從桌上掉下，部分沒有固定好的家具會倒下來。	玻璃窗被震碎並墮下，沒有修補好的磚牆會倒塌。沒有固定好的汽水販賣機會倒下，司機因難以駕駛而需要停車。
6弱	人難以站立。	大部分沒有固定好的家具會移位或倒下來。大部分情況下已無法打開大門。	大廈牆壁的瓷磚及玻璃窗破損並墮下。
6強	人不能站立、爬行或移動。身體不由自主地跟着地震搖動，甚至被震飛。	幾乎所有沒有固定好的家具都會移位或倒下來。	很多大廈牆壁的瓷磚及玻璃窗破損並墮下，沒有修補好的磚牆幾乎全部倒塌。
7	與震度6強相同。	幾乎所有沒有固定好的家具都會移位或倒下來，甚至飛起。	更多大廈牆壁的瓷磚及玻璃窗破損並墮下，修補過的磚牆也會出現破損。

（資料來源：日本氣象廳網頁）

海有多深呢？

大海是未知的世界

一般來說，像游泳池般的水深，我們仍能清晰看見池底。可是一旦水深加深，即使水再清澈，我們也難以看到深水的地方，原因是光線會被水吸收掉，連無線電波也會同樣被吸收。因此，我們不能夠利用光線或無線電波測量距離。在缺乏適合的測量方法下，人類對海洋的認識仍然非常少。

即便如此，為了尋找安全的海洋航線，人類從古代開始已不斷嘗試測量水深，例如把長竿垂立到水底進行測量、把預先量好長度的纜繩放入海中等。可是，這些方法不但操作費時，而且也無法測量出正確的水深。直至19世紀，測量水深的技術也沒有出現大變化。

古埃及人測量水深的方法 ◀◀

▲古埃及人曾以一根長竿垂立到水底測量水深。

19世紀測量水深的方法 ▶▶

▶19世紀的船員開始使用設有刻度標示的纜繩測量水深。船員先在纜繩末端綁上重物，再把纜繩沉入水中測量水深和調查海底的情況（例如收回纜繩時，檢查上面有沒有黏着碎石、貝殼等）。

現在的測量方法

　　現在人們會使用聲波測量水深，因為聲波不同於光線及無線電波，它能在水中傳播至遠處。人們只要在船底發射聲波，再計算聲波從海底反射回來的時間便能得知水深。

　　聲波在水中傳播的速度會受水溫及水深影響而略有變化。一般情況下，聲波的傳播距離約每秒1,500米。例如從船底向海底發射聲波，2秒鐘過後，聲波便傳回船底，因為聲波到達海底的時間只是來回時間的一半，即是1秒，所以人們便知道那裏的水深是1,500米了。

　　在20世紀60年代，科學家發明了適用於大範圍測量水深的儀器，而現在更發明了能清晰看見海底的機器了。

現在測量水深的方法 ▶▶

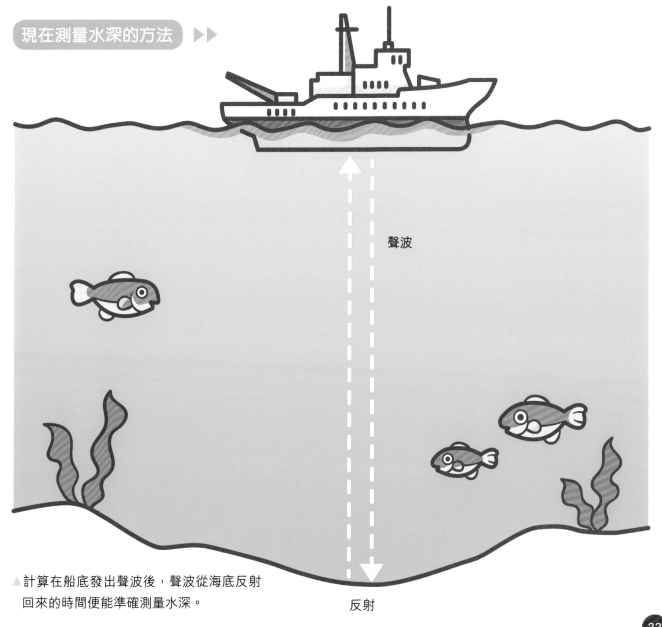

聲波

反射

▲計算在船底發出聲波後，聲波從海底反射
回來的時間便能準確測量水深。

波浪的高度有多高？

波浪的種類

說起波浪，你想起的波浪會是什麼樣子的呢？事實上，波浪是有不同種類的，它是一種水面周期性起伏的現象。

當海上吹起風時，海面便會出現「風浪」。風力越強，風浪便越大。可是，即使我們身處的海面上沒有吹起強風，但如果某熱帶海域上發生颱風，颱風所引起的大風浪也會隨着海水傳到遠處，這就是「湧浪」。

此外，海底發生地震時會引起另一種波浪——「海嘯」。海嘯發生時，大量的海水快速湧動造成巨浪，而巨浪的時速可達數十公里或以上，破壞力驚人，對沿岸地區會造成極大的禍害。

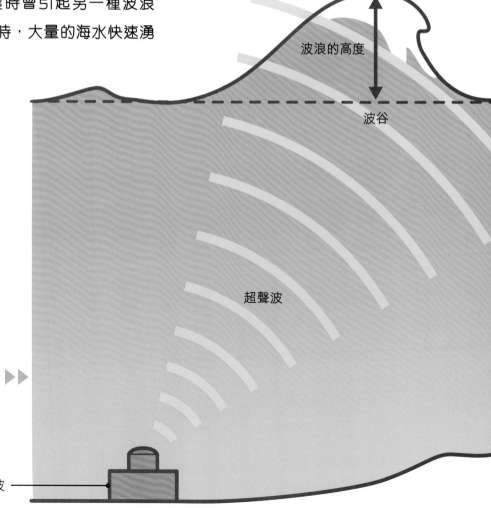

波峯

波浪的高度

波谷

超聲波

利用無線電波與
超聲波測量波浪的高度 ▶▶

設置在海底的波浪計發出超聲波

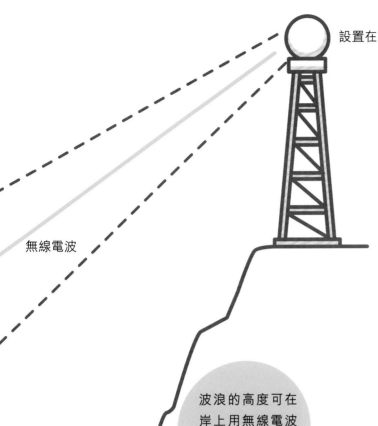

設置在岸邊的波浪計發出無線電波

無線電波

波浪的高度可在岸上用無線電波測量，或在海底以超聲波測量。

測量波浪高度的方法

波浪的高度是指波谷至波峯的高度，但因每個波浪的高度不一樣，所以需要持續觀察一段時間才能得出比較準確的平均數。日本氣象廳公布的波浪資料，是取自整份觀察數據的前三分之一的波浪平均高度，例如在20分鐘內觀測了100個波浪，便會取當中最大的33個波浪計算出一個平均數，稱為「有意義波高」。

測量波浪高度時需要使用波浪計，波浪計有由岸邊發射無線電波的類型，也有由海底發出超聲波的類型。

小知識 海嘯的波浪高度可以被準確測量出來嗎？

海嘯擁有在深水處高速移動，淺水處移動較慢的特性。海嘯在水深5,000米的地方，時速可達800公里，相等於一架噴射機的速度。在水深100米的地方，時速可達110公里；而在水深10米的地方，時速則只有36公里。

雖然現今科技進步，但仍然難以準確預測海嘯的高度。2011年3月11日，東日本大地震的即時地震海嘯預測結果，與實際出現的海嘯情況有很大的誤差，很多人認為預測的結果令人們低估了那一場海嘯的嚴重程度，因而造成傷亡人數增加。所以無論海嘯警報內容如何，當你在沿岸地區感到震動時，都必須儘快逃往高地。

如何「捕捉」水流進行測量？

怎樣測量流動中的水？

　　我們知道水是流動不止的。既然水不停地流動，那麼科學家又是如何「捕捉」水流進行測量的呢？

　　當雨季來臨時，我們經常會聽到有關水災的新聞。但另一方面，也有些地方會因太久沒有下雨而發生旱災。無論是哪一種災害，我們都應該及早做好預防措施。其中一種預防措施就是準確把握河流各方面的變化，包括河流的高度（水位）、流水量（流量），以及流動速度（流速）。

測量水流的方法 ▶▶

流速計

利用水流的力量轉動，根據流速計內葉輪的轉動次數計算流速。

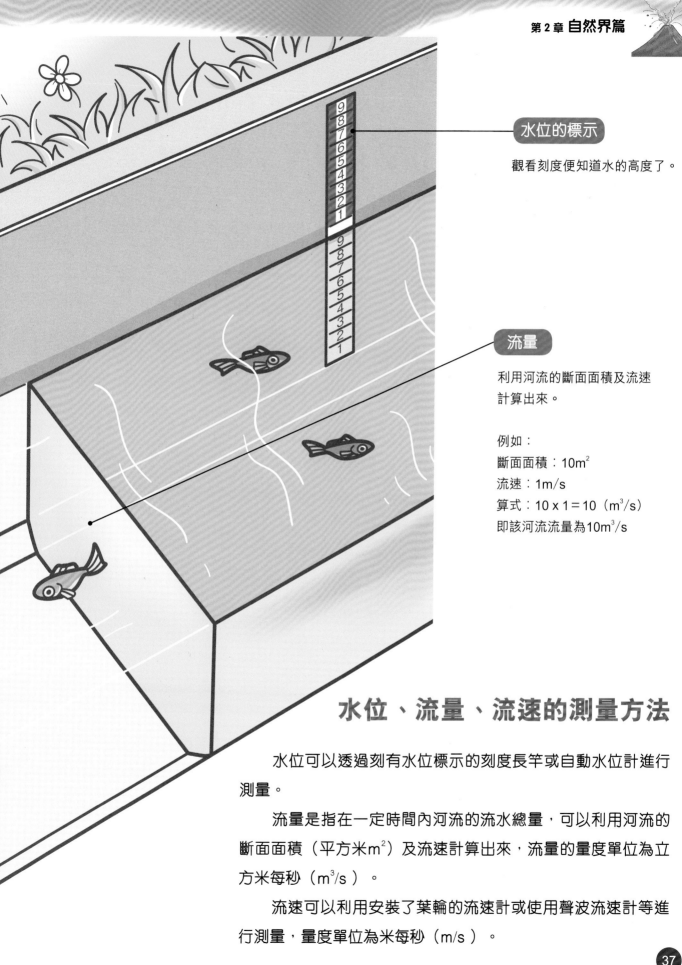

水位的標示

觀看刻度便知道水的高度了。

流量

利用河流的斷面面積及流速
計算出來。

例如：
斷面面積：10m^2
流速：1m/s
算式：10 x 1＝10（m^3/s）
即該河流流量為10m^3/s

水位、流量、流速的測量方法

　　水位可以透過刻有水位標示的刻度長竿或自動水位計進行
測量。

　　流量是指在一定時間內河流的流水總量，可以利用河流的
斷面面積（平方米m^2）及流速計算出來，流量的量度單位為立
方米每秒（m^3/s）。

　　流速可以利用安裝了葉輪的流速計或使用聲波流速計等進
行測量，量度單位為米每秒（m/s）。

水有多清澈呢？

怎樣測量水的透明度？

在潔淨的河流與湖泊中，清澈的水讓我們能清晰看見它們的底部。相反，混濁的水則使我們難以看清水中的事物。將感覺透明的水與混濁的水數字化，就是我們所說的水的「透明度」了。

一般來說，測量水的透明度時會使用「透明度板」。透明度板是一塊直徑30厘米的圓形板。使用時，把圓形板綁上繩索，然後垂直沉於水中，直至從水面完全看不見透明度板。記下透明度板「消失」的水深深度，那裏就是水的透明度。

世界上最高透明度的湖是位於俄羅斯的貝加爾湖。冬天時，貝加爾湖湖水的透明度約40米。第二名則是日本北海道的摩周湖，湖水透明度約20米。

利用透明度板
測量水的透明度 ▶▶

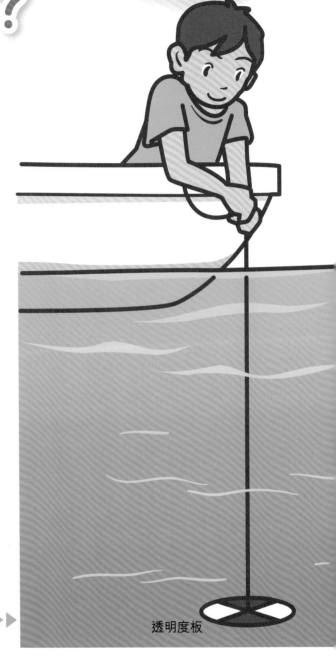

透明度板

水質檢測項目（節錄）

除了量度水的透明度外，人們還需要對水質進行嚴謹的測試，以確保水質符合飲用的標準。右面的項目是需要測試它們在水中的含量。

氯丹	砷
亞氯酸鹽	銻
鎘	鋇
氯	鎳
硒	苯
鉛	溴酸鹽

水的透明度高也不代表潔淨

即使肉眼看到的水有多清澈透明，也不代表它適宜飲用，因為當中可以存在肉眼看不見的微生物、有害的化學物質等。在香港，食水傳送到每家每戶之前，都必須經過嚴格的水質管理系統，並有專人定期為水質進行檢查。我們只要扭開水龍頭，就可以輕易獲得潔淨的食水，可是並不是世界上每個地方的人都如此幸福，所以我們一定要珍惜食水。

◀ 把透明度板綁上繩索，然後垂直沉於水中，直至從水面完全看不見透明度板，那裏的水深深度就是水的透明度。

氟化物	二氯乙酸鹽	乙二胺四乙酸
硼及其化合物	二溴一氯甲烷	次氨基三乙酸
1，4-二噁烷	三氯乙烯	氯酸鹽
1，2-二氯乙烯	三氯乙酸鹽	溴酸鹽
一溴二氯甲烷	四氯化碳	氯仿
二氯甲烷	四氯乙烯	甲苯

今天下了多少雨？

使用雨量計測量降雨量

計算實際降雨量時，我們可以使用雨量計。例如「貯水型雨量計」是以有刻度的水筒收集雨水。由於下雨的範圍很大，因此收集到的水有多高與水筒底部的面積無關，只需要計算收集到的水量便可以了。雨量的量度單位是毫米（mm）。

可是，如果降雨量多於雨量計，所收集到的雨水便會溢出來，所以天文台會使用「翻斗式雨量計」。翻斗式雨量計的設計有點像搖搖板，它的內部有一對放於同一支點上的斗狀容器。當一個容器的水被注滿後，容器會自動傾向另一邊繼續承接雨水。只要計算兩個容器的交替次數便能計算出降雨量。

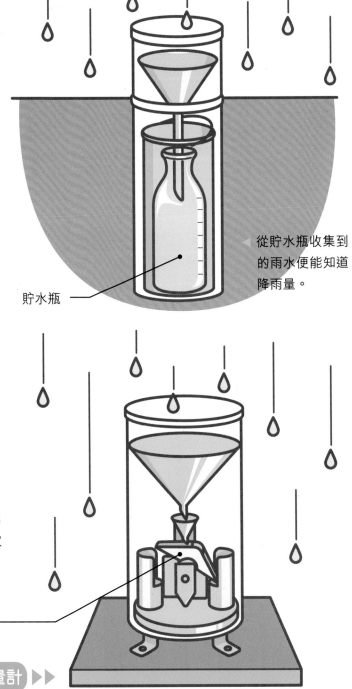

貯水型雨量計

從貯水瓶收集到的雨水便能知道降雨量。

貯水瓶

容器被水注滿後會傾向另一邊，計算容器的交替次數便能知道降雨量。

左右翻側

翻斗式雨量計

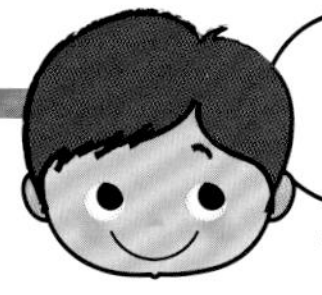

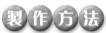

快來做實驗吧！

利用牛奶盒製作簡單的雨量計，留待雨天時測量降雨量吧。
記錄降雨量後，你可以跟天文台公布的降雨量比較，看看你的雨量計準確度有多高。

準備材料：1 個牛奶盒、膠紙、㓟刀*

製作方法

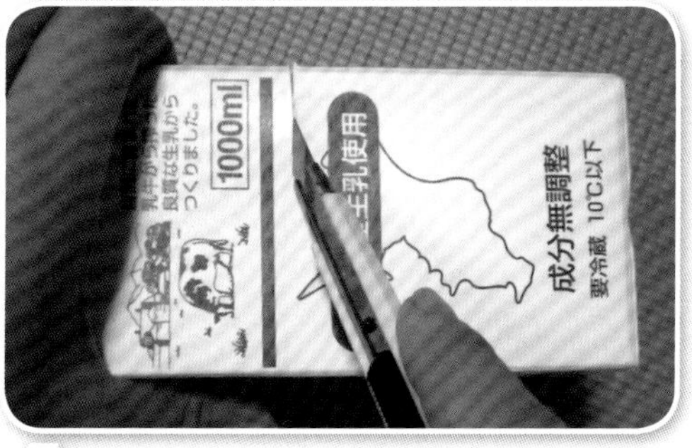

1 用㓟刀切出牛奶盒底部對上 10 厘米的地方。

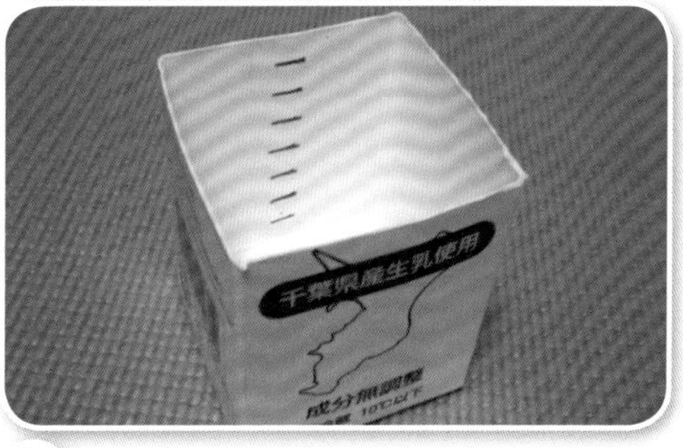

2 從牛奶盒內側的底部開始，每 1 厘米畫上一條刻度。

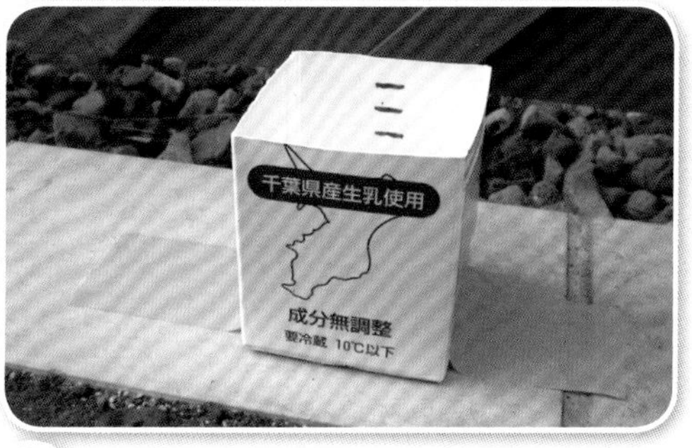

3 把牛奶盒放在室外平坦的地方，並用膠紙固定位置。

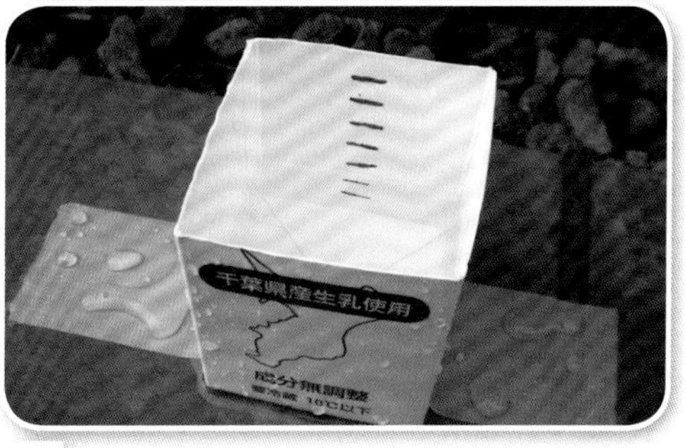

4 下雨時，你可以觀察牛奶盒的貯水情況，並記錄下雨至停雨的時間。

*小心使用㓟刀，以免受傷。有需要的話，可請成人協助。

小知識

利用無線電波可以監察天氣狀況？

香港天文台使用了天氣雷達來監察降雨量及雨區分布。天氣雷達向着大氣中的雨點發射無線電波，透過測量這些無線電波反射回來的信號，就能知道降雨量。一般來說，反射回來的信號越強，雨勢就越大。至於雨區分布，則可利用無線電波來回所需的時間計算出來。

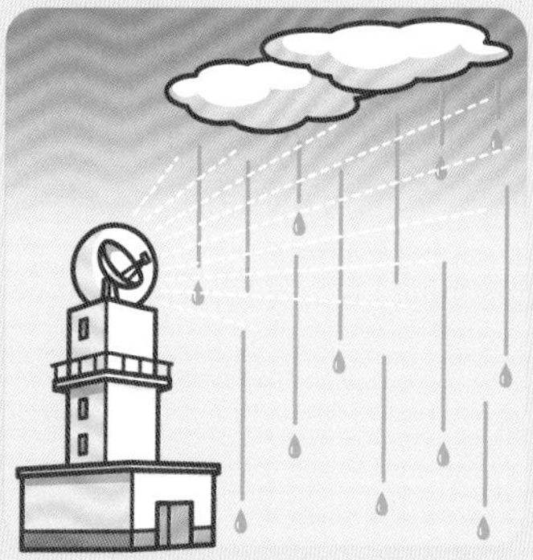

風力有多強？

測量風力強度的方法

要知道風力的強度，就必須知道風向和風速。為人熟悉的「風車型風速計」，只要一台儀器便能同時計算出風向和風速。風吹過時，前面4枚風葉會順着風向轉動，人們便能得知風向；而風速則是從風車的轉動次數中計算出來的。

此外，還有不設風向計的「風杯型風速計」。風杯型設計更容易受風，使它的轉速與風速更接近，讓人們能更準確地計算出風速。

以下是國際常用的「蒲福氏風級表」，你也嘗試觀察室外的情況，看看今日的風速吧。

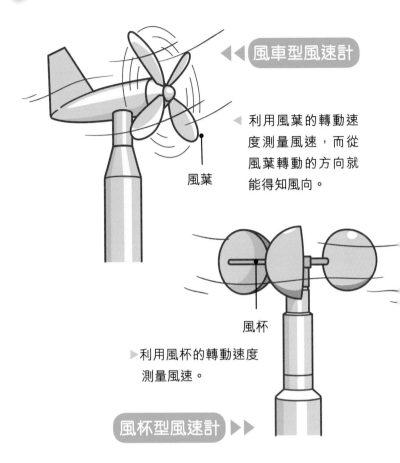

風車型風速計

利用風葉的轉動速度測量風速，而從風葉轉動的方向就能得知風向。

風葉

風杯

利用風杯的轉動速度測量風速。

風杯型風速計 ▶▶

蒲福氏風級表

風力級別	人與物件的狀態	風速（米／秒）
0	風平浪靜，煙筆直地向上升。	0 至 0.2
1	煙跟着風向飄動，但是風力還未能吹動風向計。	0.3 至 1.5
2	臉上能感受到風的流動。風力已能吹動樹葉及風向計。	1.6至3.3
3	風不斷吹動樹葉及小樹枝，較輕的旗幟會被吹開。	3.4至5.4
4	紙片和少量的沙會被風吹起。小樹枝的搖動更明顯。	5.5至7.9
5	有葉的灌木開始搖動，池塘和沼澤的水面有波紋。	8.0至10.7
6	粗樹枝搖動。受風力影響，人們難以打開傘子。	10.8至13.8
7	樹木整體搖動，人也難以站穩。	13.9至17.1
8	小樹枝被折斷，人也站不穩。	17.2至20.7
9	結構不牢固的房屋可能會受損。	20.8至24.4
10	樹木被連根拔起，結構不牢固的房屋受損程度更嚴重。	24.5至28.4
11	結構牢固的房屋也有損毀的危險，門窗已受到相當的壓力，可能出現爆裂的危險。	28.5至32.6
12	/	32.7以上

為什麼風向雞能一直指着風向？

　　風向雞是設計成雞形狀的風向計，為什麼它能夠一直指着風向呢？原來是因為風向雞站在旋轉軸上，而雞尾的面積比雞的頭部寬大，所以當風吹過面積寬大的雞尾時，面積較細的頭部便會指着風向。此外，為了令風向雞能夠穩定地轉動，雞頭和雞尾的重量是相等的。

風向雞

快來做實驗吧！

試用厚卡紙製作簡單的風向計吧。

準備材料：1 張A4大小的厚卡紙、1 隻即棄筷子、1 根粗飲管或 1 張普通A4紙、膠紙、剪刀

製作方法

1 在厚卡紙上剪出一個直角三角形。

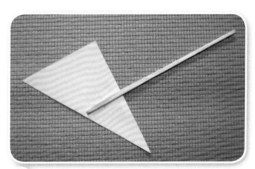

2 將即棄筷子充當旋轉軸，貼在三角形的正中間，並以膠紙固定位置。

3 以粗飲管或普通 A4 紙捲成飲管狀，套在即棄筷子外面，並確認筷子能在飲管內順暢地自由旋轉。

4 拿着風向計到室外做實驗，看看三角形的尖端能否指向風向。你還可以試試將旋轉軸的位置往後移，讓三角形的前後面積相同，看看轉動起來會有什麼變化。

「布甸＋豉油＝海膽」的研究對人類有什麼貢獻？

　　你會如何表達食物的味道呢？甜、酸、苦、辣都是個人感受，很難準確地向他人描述出來。不過，日本發明了一台模仿人類味覺的「味覺感應器」，使這種屬於感覺上的東西也可以被測量出來。

　　人們曾經嘗試在布甸加上豉油，經過味覺感應器的測試後，竟然得出這布甸的味道近似海膽味道的數值。這個發現令人十分驚奇，因而被廣泛流傳開來。

　　味覺感應器的發明對食品製造商有很重要的影響，因為當研究人員研究新味道時，他們能以數值表示出味道的分析結果，方便其他人進行討論。

▶布甸加豉油就變成海膽的味道！？

第 3 章

日常事物篇

為什麼一年有365日，一日有24小時呢？

為什麼一年有365日呢？

「日」是時間單位，我們每一日都會經歷日出、日落的太陽周期運作，那為什麼每365日就會循環成新一年呢？

這是因為地球轉動（自轉）約365次後，也同時代表它圍繞太陽轉動了一圈（公轉），這便是一年的時間。不過，古人最初也不知道一年有365日，而是一日復一日地計算日子，只是後來感受到季節的變化，發現大約每365日後便會再次迎來相同的季節，才發現了這個循環。根據地球圍繞太陽轉動一圈的位置變化而製訂的曆法稱為「陽曆」。

地球的自轉與公轉 ▶▶

公轉一周

▶ 地球自轉約365日，相當於圍繞太陽公轉了一圈。

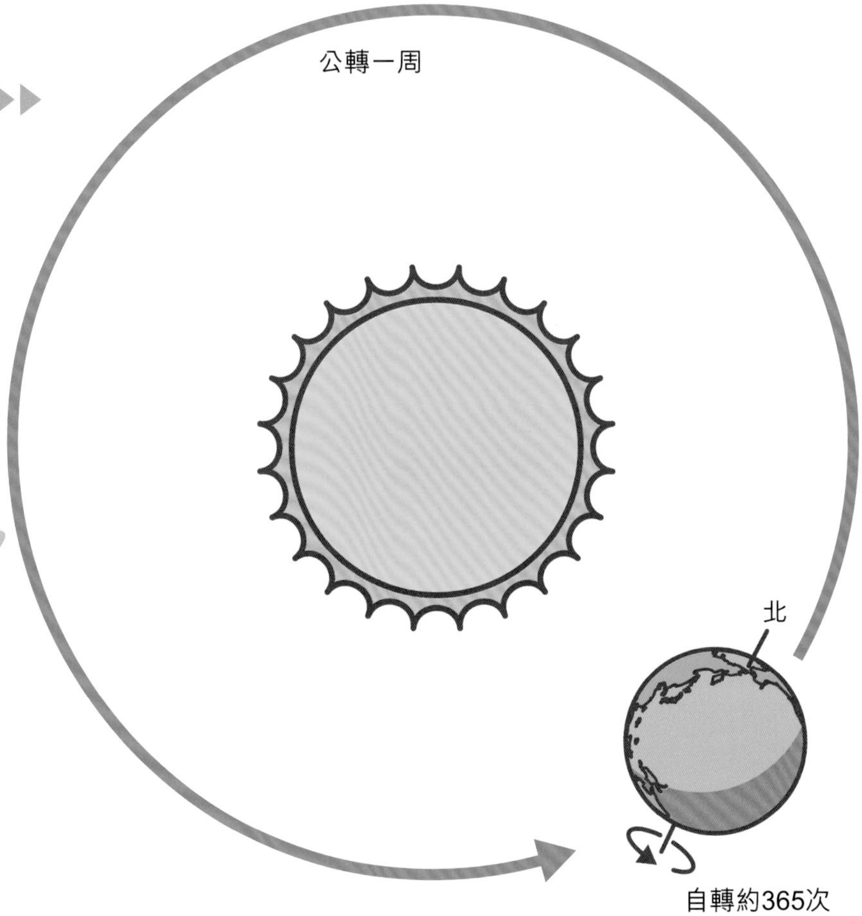

其實地球圍繞太陽轉動一圈的時間是365日多一點點。一年復一年過去，誤差便會越來越大，於是人們制定每四年有一個閏年，閏年為366日，透過增加一日的日數來調整誤差。

北

自轉約365次

為什麼一日有24小時呢？

基於天文理由，人們把一年定為365日。不過，一日有24小時的概念，則只是古人定下來的時制。

從前，人們把日出到日落的時間等分成12份，每份為白天的1小時，然後再把日落至日出的時間等分成12份，每份為夜晚的1小時。而現代則把一日分成24等份，每份就是1小時。

為什麼古人最初會把白天和夜晚各分為12份呢？原來是跟月亮的形狀變化有關。古人發現新月與滿月循環12次，差不多需要一年時間，因此把一年分成12個月。正因如此，古人覺得12這個數字具有特別的意思，所以便開始經常使用12為時間單位。將一次月圓月缺當成一個月的曆法稱為「陰曆」。

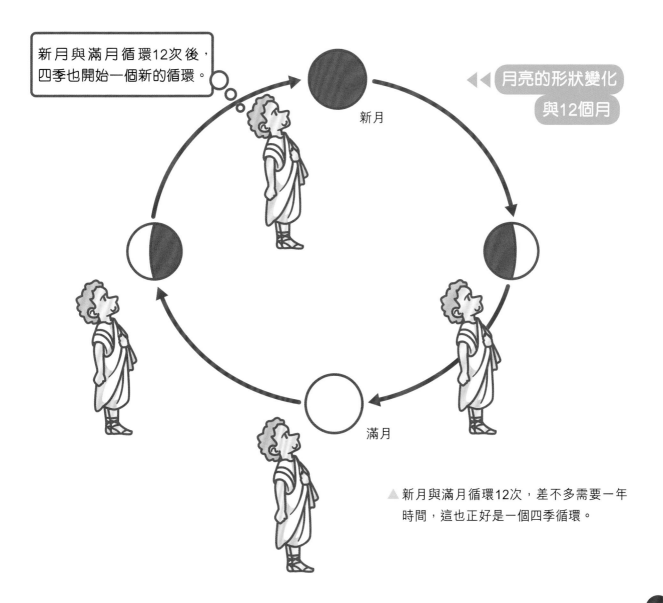

新月與滿月循環12次後，四季也開始一個新的循環。

月亮的形狀變化與12個月

新月

滿月

▲ 新月與滿月循環12次，差不多需要一年時間，這也正好是一個四季循環。

如何測量土地面積？

香港的土地面積

相信大家做數學練習題時也試過計算土地面積的問題，一般的題目內已提供計算面積時所需的資料，所以只要使用正確的公式解題就可以了。不過在現實生活中，在沒有任何數據的情況下，土地面積是怎樣測量出來的呢？以下先看看香港的土地面積資料。

香港的土地總面積為1,105.69平方公里（km²），由香港島、九龍半島、新界及多個島嶼組成。面積最大的是新界（包括新界本土、鄰近島嶼及大嶼山），佔地978.07平方公里，其次是佔地80.68平方公里的香港島（包括香港島及鄰近島嶼）；而面積最小的是九龍半島，只有46.94平方公里（香港特別行政區政府地政總署測繪署，2016年7月資料）。

香港是一個山多平地少的地方，而且海岸線彎彎曲曲，不能使用尺子之類的工具來量度土地面積，所以我們便需要運用數碼化的電腦技術來測量。

▶ 把數碼化的地形圖細分成多個小方格，電腦便能憑這些小方格計算出面積。

根據已按比例縮小的地形圖找出土地面積

當我們要知道複雜地形的面積時，先要拍攝航空照片及進行實地考察，然後用電腦按比例縮小地形圖，再把地形圖細分成多個小方格。那麼，電腦只要計算小方格的數量便能得出土地面積了。

也許你會覺得小方格跟現實中彎彎曲曲的地形邊界不太相似，那麼你可以試試近看報紙上的圖片，就會發現這些圖片都是由無數的小點集合而成。同樣道理，無論地形有多麼複雜，也可以透過轉換成極細小的小方格以便進行計算。

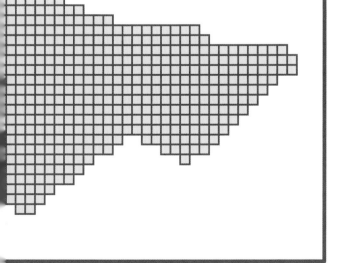

◀ 運用數碼化技術測量土地面積的方法

◀ 電腦將已按比例縮小的地形圖數碼化。

如何分辨東南西北？

指南針並不是指向北方！？

說起指示方位的工具，相信你會立即想起指南針。可是，其實指南針並不是絲毫不差指向我們在地圖上所看見的北方。

地球本身具有很大的磁場，稱為「地磁」，這磁場就像磁石般運作。試把地球想像成一根巨大的磁鐵棒，磁鐵棒兩端分別是S極和N極。由於這兩極會互相吸引，因此指南針的N極指針是指向地磁S極，即是我們的北方；而指南針的S極指針則是指向地磁N極，即是我們的南方。

地磁的兩極位置並不是固定的，而是會隨着時間偏移。現在地磁S極位置靠近格陵蘭島，這跟地圖上所展示的北方有點偏差。因此，指南針只是「大致指向北」的方位指示工具。

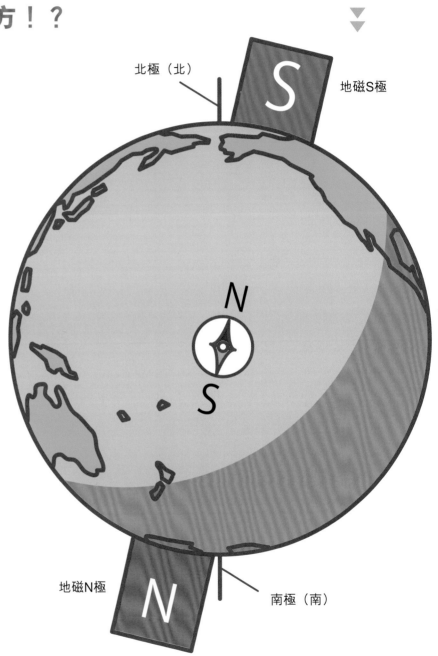

北極（北）

地磁S極

地磁N極

南極（南）

▲ 指南針指向的是地磁S極，這跟地圖上所展示的北方不盡相同，所以指南針只是指出「大致向北」的方位。

沒有指南針時，怎樣才能知道方位呢？

　　從前沒有指南針時，星星和太陽的位置，還有山脈都是告訴我們方位的記號。從樹木切面的年輪（向南方的樹木生長得較好，因此年輪間隔較闊）和住宅的方向（大窗多數向南）也能得知大概方位。

看見北極星的方向是北

住宅的大窗多數向南

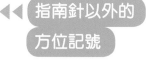

指南針以外的方位記號

北

南

岩石上的青苔多數長在北面

樹木年輪較闊的一面是南

　　地球上也有不需要指南針，只憑感覺地磁就能分辨方位的生物，例如候鳥、某些微生物、蜜蜂、烏龜、鯊魚等。近年來，也有科學家研究人類是否具有感應地磁的身體機能，但目前還沒有詳細結果。

小知識 利用手錶與太陽找出方位

　　只要有指針式手錶，就能憑手錶與太陽得知方位。將手錶的時針指向太陽的方向，時針與錶面上的12時位置正中間就是南方了（如果你身處南半球，則該正中間位置是北方）。

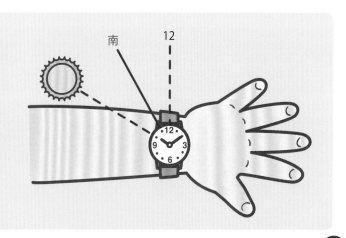

好熱？好冷？
試試測量溫度吧！

百葉箱的秘密

　　「百葉箱」是測量溫度時經常使用的儀器箱，它的外表就像一間白色小木屋一樣。百葉箱的規格是世界通用的，箱中放置了溫度計與濕度計，用來測量溫度與濕度。

◀◀ 百葉箱的規格與擺放位置

① 外層塗成不容易吸收太陽熱能的白色。

② 為了不聚熱，木壁板採用百葉式設計以便通風。

③ 避免陽光直接照射，應擺放在陰涼位置，箱門向北。

④ 為減少地面反射熱度，百葉箱應放在草地上。

⑤ 箱內溫度計的擺放高度，應距離地面1.25米至2米。

溫度計的構造

在溫度計中，較多人使用的是在棒狀玻璃管中注入紅色液體的酒精溫度計。此外，水銀溫度計也是棒狀設計的溫度計。這兩種溫度計都是利用注入液體隨溫度變化而上升或下降的特性來測量溫度。

近年來，液晶顯示數字的電子溫度計越來越常見，這種溫度計的構造與棒狀溫度計不同，它是利用電流來測量溫度的。

電子溫度計內置熱敏電阻。熱敏電阻能將溫度變化轉換為電子信號，並在溫度計的液晶顯示屏上把溫度顯示出來。

使用液體測溫與使用電流測溫的溫度計

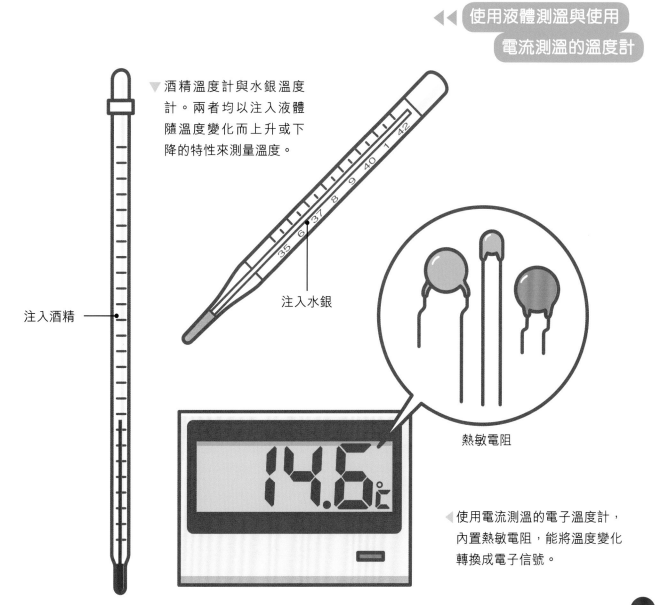

▼酒精溫度計與水銀溫度計。兩者均以注入液體隨溫度變化而上升或下降的特性來測量溫度。

注入酒精

注入水銀

熱敏電阻

◀使用電流測溫的電子溫度計，內置熱敏電阻，能將溫度變化轉換成電子信號。

倫琴射線的輻射劑量有多高？

倫琴射線是什麼？

　　我們的身體被皮膚包裹着，如果要看清皮膚內的骨頭，就需要能夠發出倫琴射線的機器。

　　倫琴射線機器是使用「X射線」透視人體內部的裝置。X射線具有穿透物體的特性。

　　「倫琴射線」的名稱來自19世紀末發現X射線的德國物理學家威廉·倫琴（Wilhelm Röntgen）的名字。他在實驗中發現了一種肉眼看不見的光線，而這種光線能夠穿透一本1,000頁厚的書，於是他將這新發現的光線以未知數X命名，稱為「X射線」。

> 皮膚和內臟都很容易被X射線穿透，因此X射線印在X光片上時呈現出一片黑色；而X射線不能穿透骨頭，因此X光片上的骨頭部分則呈現出白色。

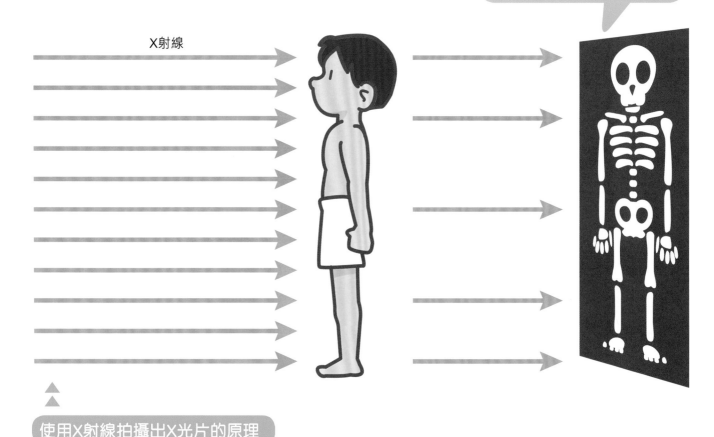

X射線

使用X射線拍攝出X光片的原理

輻射是什麼？

根據物理學研究顯示，X射線屬於輻射的其中一種。

輻射是對肉眼看不見的高能量無線電波或細小粒子的總稱。輻射可以分為不同種類，但它們的放射線或多或少都能穿透物質內部，並具有讓物質產生化學變化或發光的能力。強力輻射一旦觸及生物的細胞，會導致生物的DNA（遺傳因子）受損，有機會增加患上遺傳病的風險，因此我們必須注意不要曝露在大量輻射之中。

測量輻射劑量的單位是希沃特（Sv），1希沃特等於1,000毫希沃特（mSv）。戈瑞（Gy）是電離輻射（輻射的一個大類別）吸收劑量的單位。1戈瑞表示每公斤物質（通常是人體組織）吸收了1焦耳（J）的能量。

輻射劑量的大小及對人體的影響 ▶▶

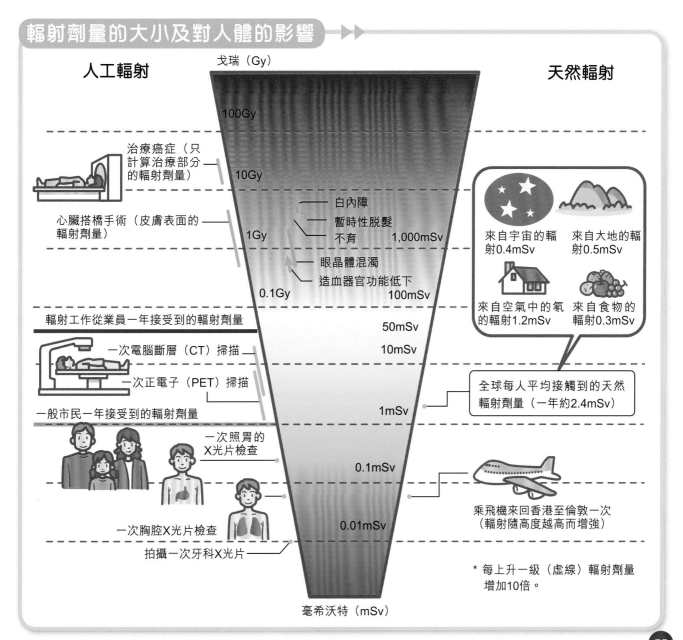

人工輻射 ── 戈瑞（Gy） ── **天然輻射**

100Gy

治療癌症（只計算治療部分的輻射劑量）── 10Gy

心臟搭橋手術（皮膚表面的輻射劑量）── 1Gy

白內障
暫時性脫髮
不育 ── 1,000mSv

眼晶體混濁
造血器官功能低下

0.1Gy ── 100mSv

輻射工作從業員一年接受到的輻射劑量 ── 50mSv

一次電腦斷層（CT）掃描 ── 10mSv

一次正電子（PET）掃描

一般市民一年接受到的輻射劑量 ── 1mSv

一次照胃的X光片檢查 ── 0.1mSv

一次胸腔X光片檢查 ── 0.01mSv

拍攝一次牙科X光片

毫希沃特（mSv）

來自宇宙的輻射0.4mSv　來自大地的輻射0.5mSv
來自空氣中的氡的輻射1.2mSv　來自食物的輻射0.3mSv

全球每人平均接觸到的天然輻射劑量（一年約2.4mSv）

乘飛機來回香港至倫敦一次（輻射隨高度越高而增強）

* 每上升一級（虛線）輻射劑量增加10倍。

水的味道是可以測量的嗎？

水的味道

在香港，我們扭開接駁水喉的水龍頭，就會流出安全又好喝的水。我們之前已解釋水質的潔淨度要視乎各種物質的含量（詳見 P.38-39），至於水的味道又是怎麼回事呢？

水給我們的印象好像是清清淡淡，沒有味道的。但如果你仔細品嘗，就會發覺不同的水有不同的味道。你可以嘗一嘗家中經過煮沸的水和街上買到的樽裝礦泉水味道。既然不同的水味道各有不同，那麼水的味道好喝與否又有沒有一套客觀的標準呢？

收集雨水的過程 ▶▶

▶ 收集所得的雨水需要經過濾水廠處理，才會輸送到我們家中的水龍頭。

好喝的水是怎樣的？

對於怎樣的水才算是好喝，不同的人可能有不同的感覺。在日本的「美味水研究會」上，曾有研究水的學者討論了有關好喝的水應具備什麼條件。他們認為，好喝的水是不含黴菌跟氯的臭味，而且需要含有礦物質、游離碳酸等。此外，水溫應在20℃以下。

你可能在礦泉水的包裝紙上看過「硬度」這兩個字。究竟水的硬度是什麼？它會怎樣影響水的味道呢？

水的硬度主要由鈣和鎂的含量決定。大致來說，1升（L）水中的鈣和鎂含量在100毫克（mg）以下就是軟水，101至300毫克屬於中硬水，301毫克或以上屬於硬水。香港食水的總硬度值（以碳酸鈣計）為每升5至68毫克，屬於軟水，口感較為清爽，而歐洲等地的水多為硬水，口感較硬，味道帶苦。

好喝的水應具備的條件

水質項目	說明
蒸發殘留物	水經過蒸發後，殘餘的物質主要成分為礦物質。礦物質多數帶有苦味與澀味，但適量加入可增加水的口感與順滑感。
硬度	主要表示礦物質鈣與鎂的含量，水的軟硬度適中才會好喝。硬度低的水為「軟水」，沒有口感。另一方面，硬度高的水為「硬水」，口感厚實。每個人對水的硬度喜好均有不同。
游離碳酸	能增加水的清爽度，但是加入太多會令水失去順滑口感。
高錳酸鉀消耗量	水中有機物含量的指標，含量過多，水會帶澀味。
氣味度	顯示水的氣味強弱（包括任何氣味）。黴菌跟藻類等的臭味令人不快，會讓人覺得水不好喝。
氯殘留量	即殘留在水中的消毒用氯。因衛生問題，處理過的水必須留有每升0.1毫克以上的氯，可是殘留氯濃度過高，就會出現「消毒藥水毒」。
水溫	人在生理上一般覺得冷水較好喝，而且冷水也能掩蓋消毒藥水等臭味，讓水更好喝。

（日本「美味水研究會」的調查結果）

怎樣測量聲音的大小？

聲音的真身是什麼？

我們的身邊充斥着各式各樣的聲音。在日常生活中，我們感受到的聲音其實是由空氣產生的波動，這也是為什麼當我們拍手便會發出啪啪聲。

首先，手與手相疊的瞬間，空氣密度產生了少許變化，因為雙手對空氣施加壓力，令周圍的空氣密度產生變化，然後就像漣漪般，漸漸將這變化所產生的空氣振動傳送到周圍的空間。當振動傳送到耳膜時，我們便能聽到聲音。換言之，聲音的真身是透過物體振動而產生的聲波。

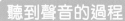

聽到聲音的過程

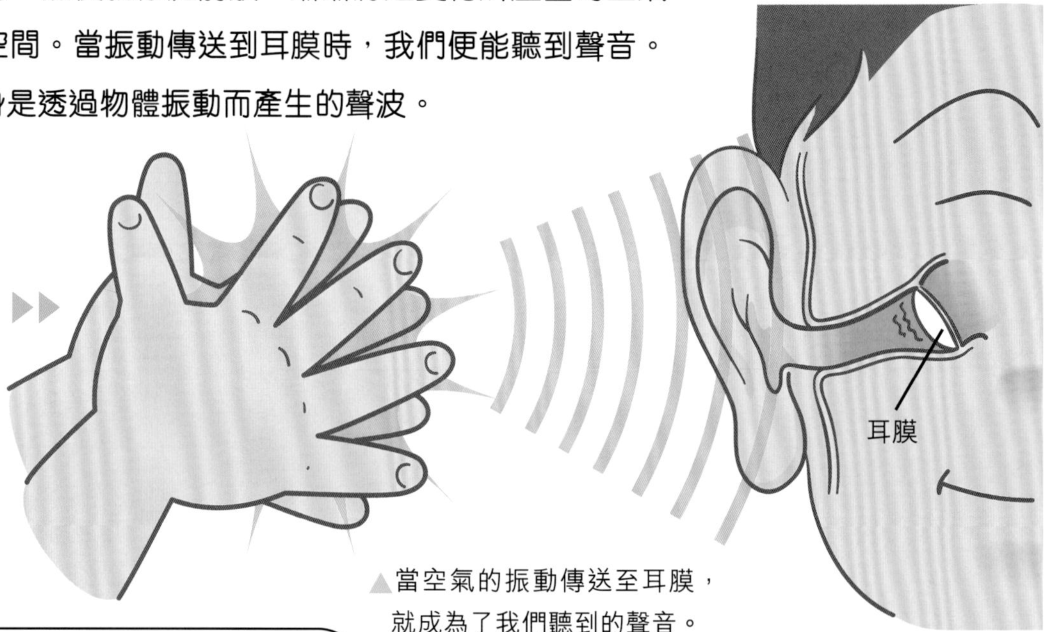

▲當空氣的振動傳送至耳膜，就成為了我們聽到的聲音。

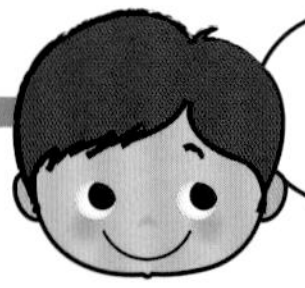

快來做實驗吧！

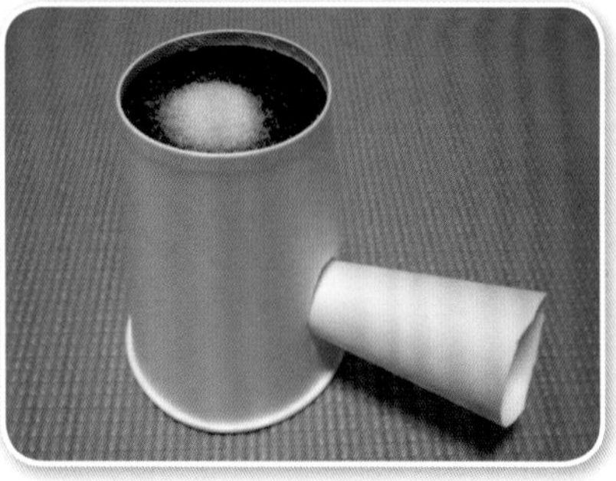

利用物體振動的聲音特性，下面的實驗可以讓你看得見聲音。

準備材料：1 隻紙杯、1 枝黑色水筆、1 張厚卡紙、鹽、𠝹刀*

1. 把紙杯底部塗黑，以便看清鹽的樣子。
2. 在紙杯側邊𠝹開一個 5 角大小的孔。
3. 用厚卡紙捲成筒狀插入孔中。
4. 反轉紙杯，在杯底鋪上薄薄的一層鹽。
5. 對着紙筒發出「啊～」的聲音。

如果發出聲音時，鹽也跟着跳起來便代表實驗成功！試試改變聲音的大小與高低，看看鹽的跳躍情況有什麼改變？

紙杯底的鹽跳起來，是因為受到聲音所發出的空氣振動影響。振動從卡紙筒傳送到紙杯中，令紙杯底形成波動，於是鹽也隨着振動的規則跳起來了。

*小心使用𠝹刀，以免受傷。有需要的話，可請成人協助。

測量聲音大小的原理與量度單位

測量聲音的大小需要取得聲音的振動數據。聲音越大，耳膜受到的振動越大。當聲音透過媒介（例如空氣、水）傳送開去時，由振動所產生的壓強改變稱為「聲壓」。當聲壓轉換成電子信號後，量度單位就是帕斯卡（Pa），較小的量度單位則是微帕斯卡（μPa）。

可是，表示聲音大小時，常用的聲壓單位是分貝（dB）。分貝的設定配合人的聽覺特性。一般人能聽到的最小聲音為20微帕斯卡，所以分貝以這個數值為基準值，每增加10分貝等於聲音強度增加10倍，增加20分貝等於聲音強度增加100倍，如此類推。

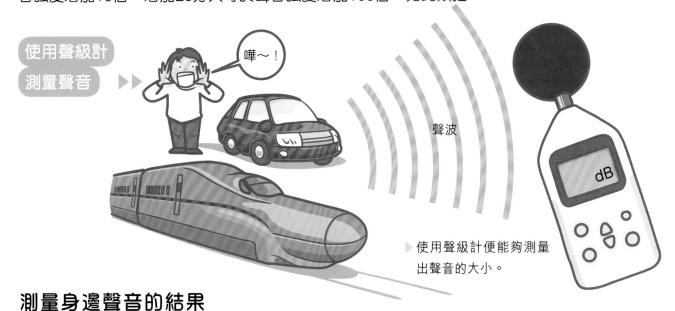

使用聲級計
測量聲音 ▶▶

嘩～！

聲波

dB

▶ 使用聲級計便能夠測量出聲音的大小。

測量身邊聲音的結果

130 至 135 分貝	人能夠聽到的聲音極限
120 分貝	飛機的引擎聲
110 分貝	汽車的喇叭聲
100 分貝	火車駛經時的聲音
90 分貝	身處嘈吵的地盤環境中、狗吠聲
80 分貝	身處地鐵或火車內、車流量高的道路上
70 分貝	電話鈴聲、吸塵機聲
60 分貝	普通的談話聲、門鈴聲
50 分貝	寧靜的辦公室聲音、室外的分體式冷氣機聲
40 分貝	圖書館內的聲音、小鳥的叫聲
30 分貝	深夜時郊外的聲音、說悄悄話的聲音
20 分貝	樹葉的摩擦聲、秒針的轉動聲
10 分貝	蝴蝶拍動翅膀的聲音
0 分貝	可聽見的最小聲音

人們只要透過分貝數值便能想像出聲音的大小。0分貝是人類可聽見的最小聲音，一般來說，聲音超過130分貝以上，耳朵便會出現異常反應。

投球速度有多快？

測量飛行物的速度

當我們在電視機中看到現場直播的棒球賽時，投球手在投球後的瞬間，電視畫面已打出球速是「140km/s」（每秒140公里）。可是棒球才剛剛投出，球速又快，究竟球速是如何快速地測量出來的？

測量球速需要使用測速槍，而測速槍其實是一種多普勒雷達測速器。在棒球場內，測速槍設置於捕手後方，以便正面測量飛來的球速。

利用測速槍測量球速的過程 ▶▶

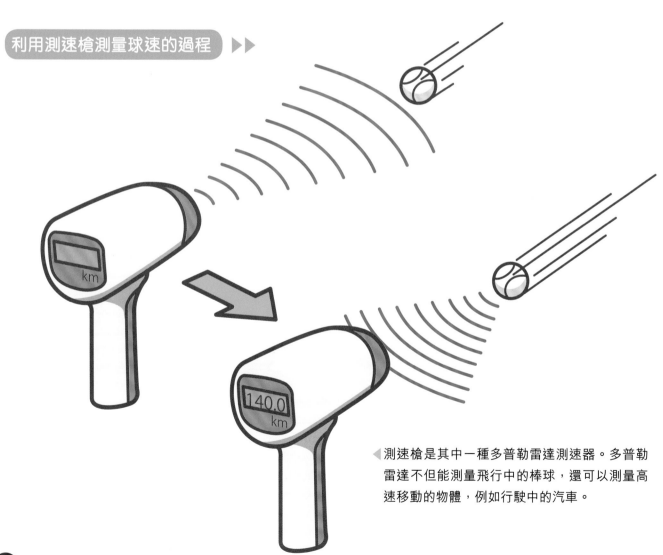

◀測速槍是其中一種多普勒雷達測速器。多普勒雷達不但能測量飛行中的棒球，還可以測量高速移動的物體，例如行駛中的汽車。

多普勒雷達是什麼？

你可能也有這樣的經驗：當響起警號的救護車駛近時，警號的bebu聲漸漸變高，可是在駛經我們身邊的瞬間，警號會漸漸變為低音。

這就是聲音的「多普勒效應」，當物體接近我們時，聲音頻率聽起來會較高；但當物體遠去時，聲音頻率聽起來會下降。此外，當物體的移動速度越快，頻率的變化也會越大。

除了物體的移動速度外，光線與無線電波也會出現多普勒效應。多普勒雷達就是測量發出無線電波接觸到移動物體後所產生的多普勒效應，計算出物體的速度。

聽到救護車警號的過程與多普勒效應

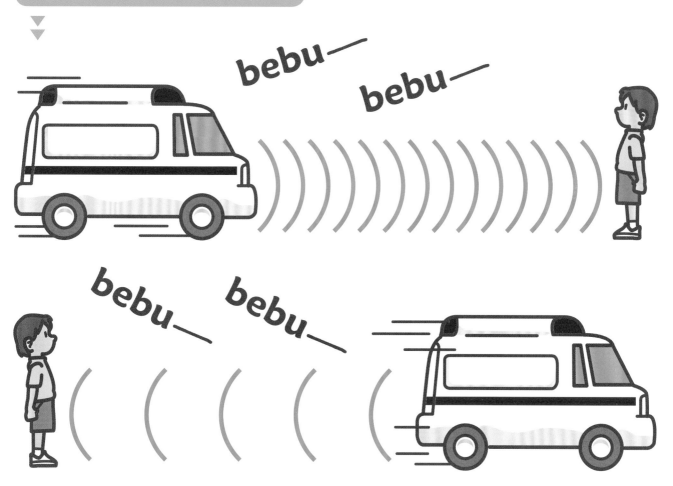

bebu—
bebu—

bebu—
bebu—

▲駛近中的救護車警號聽起來較高音，
遠去的救護車警號聽起來較低音。

索引

新雅・知識館

地球有多重？——孩子要知道的測量小百科
Measurement for Kids

作　　者：瀧澤美奈子
繪　　圖：片庭稔
翻　　譯：陳朗詩
責任編輯：潘曉華
美術設計：何宙樺
照片提供：株式会社フォトライブラリー
出　　版：新雅文化事業有限公司
　　　　　香港英皇道499號北角工業大廈18樓
　　　　　電話：(852) 2138 7998
　　　　　傳真：(852) 2597 4003
　　　　　網址：http://www.sunya.com.hk
　　　　　電郵：marketing@sunya.com.hk
發　　行：香港聯合書刊物流有限公司
　　　　　香港新界大埔汀麗路36號中華商務印刷大廈3字樓
　　　　　電話：(852) 2150 2100
　　　　　傳真：(852) 2407 3062
　　　　　電郵：info@suplogistics.com.hk
印　　刷：中華商務彩色印刷有限公司
　　　　　香港新界大埔汀麗路36號
版　　次：二〇一六年八月初版
　　　　　10 9 8 7 6 5 4 3 2 1
版權所有・不准翻印